西藏常见鱼类手绘科普图鉴

张 驰 陈美群 马 波 朱挺兵 著

中国农业出版社

北 京

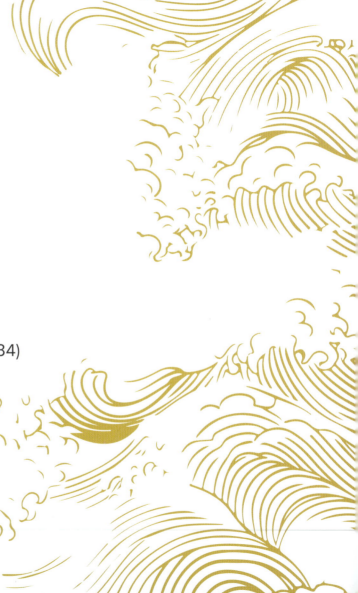

著　　者

张　驰　　西藏自治区农牧科学院水产科学研究所
陈美群　　西藏自治区农牧科学院水产科学研究所
马　波　　中国水产科学研究院黑龙江水产研究所
朱挺兵　　中国水产科学研究院长江水产研究所

项目资助

西藏自治区重点科技计划项目 (XZ202301ZY0012N)
西藏自治区科协科普传播效能提升专项（2023）
西南地区重点水域渔业资源与环境调查专项 (CW2023034)

前 言
PREFACE

　　鱼类是与人类生活密不可分的生物类群。鱼类生活在水中，不仅在河流、湖泊等水生态系统中承担着维护生物多样性、促进水体净化等生态功能，同时也是人类重要的动物蛋白源，还可供人类休闲垂钓和观赏。因此，认识鱼类，也是实现人与自然和谐发展的重要内容之一。

　　西藏是被誉为"地球第三极"的青藏高原的主体，拥有独特的鱼类区系组成。西藏的土著鱼类主要由裂腹鱼类、鳅科鱼类和高原鳅三大类群组成。为适应高寒、饵料资源匮乏等环境特征，西藏鱼类大都生长缓慢、性成熟晚，同时种群也极为脆弱。随着西藏经济社会的快速发展，近几十年来部分流域土著鱼类资源遭到了一定的破坏，其中不科学的放生活动导致外来鱼类被大量引入西藏的自然水体中，使得西藏部分水域的鱼类组成发生了一定的改变。

　　《西藏常见鱼类手绘科普图鉴》是在当前西藏部分水域鱼类组成发生改变、土著鱼类急需保护的背景下编写的首部西藏鱼类科普类图书。该书由长期从事西藏鱼类研究的科技人员编写，内容全面、语言浅显易懂、绘图精美，兼具专业性和科普性，非常适合想要了解和认识西藏鱼类的大众读者阅读。

　　由于著者水平有限，书中难免有错误或疏漏之处，敬请广大读者批评指正。

著　者

2023 年 12 月

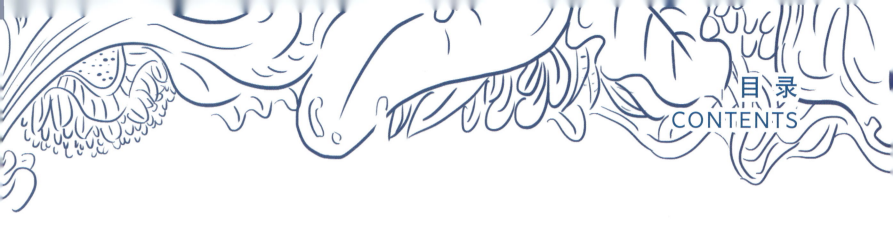

目 录
CONTENTS

名称与生物类别
中文正式名、拼音、分类地位

基本信息表
俗名、拉丁文名、栖息环境、
繁殖季节、体形特点等

分布区域
分布区域、地图定位

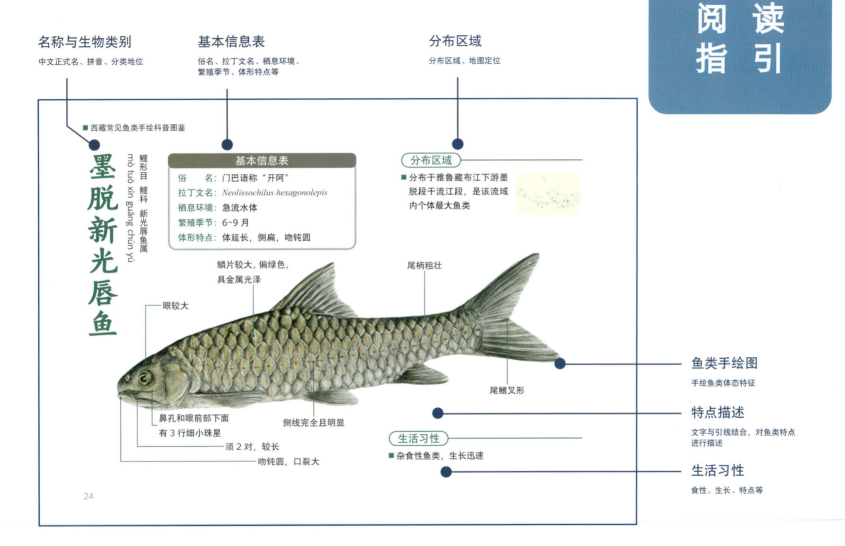

■ 西藏常见鱼类手绘科普图鉴

鲤形目 鲤科 新光唇鱼属
mò tuō xīn guāng chún yú

墨脱新光唇鱼

基本信息表	
俗　名	门巴语称"开阿"
拉丁文名	*Neolissochilus hexagonolepis*
栖息环境	急流水体
繁殖季节	6~9 月
体形特点	体延长，侧扁，吻钝圆

分布区域

■ 分布于雅鲁藏布江下游墨脱段干流江段，是该流域内个体最大鱼类

鳞片较大，偏绿色，具金属光泽

尾柄粗壮

眼较大

尾鳍叉形

鼻孔和眼前部下面有 3 行细小珠星

侧线完全且明显

须 2 对，较长

吻钝圆，口裂大

生活习性

■ 杂食性鱼类，生长迅速

鱼类手绘图
手绘鱼类体态特征

特点描述
文字与引线结合，对鱼类特点进行描述

生活习性
食性、生长、特点等

形态术语说明

眼睛

吻部

背鳍

颊部

须

胸鳍

腹鳍

全　长：从吻端到尾鳍末端的直线长度。

体　长：从吻端到尾鳍基部的直线长度。

体　高：躯干部的最大垂直高度。

头　长：从吻端到鳃盖骨后缘的直线长度。

吻　长：从吻端到眼眶前缘的直线长度。

眼　径：从眼眶前缘到眼后缘的直线长度。

眼间距：两眼眶背缘之间的最小直线距离。

躯干长：头后到肛门或泄殖孔的直线长度。

胸鳍长：从胸鳍起点到胸鳍末端最长鳍条的直线长度。

腹鳍长：从腹鳍起点到腹鳍末端最长鳍条的直线长度。

臀鳍长：从臀鳍起点到臀鳍末端最长鳍条的直线长度。
背鳍长：从背鳍起点到背鳍末端最长鳍条的直线长度。
尾鳍长：从尾鳍起点到尾鳍末端最长鳍条的直线长度。

侧线鳞

肛门

臀鳍

尾鳍

西藏的水

西藏是青藏高原的主体部分，位于青藏高原西南部，平均海拔 4000 米以上，地势从东南向西北逐渐升高，气候复杂多样。高大的山系、广阔的高原、冰川、湖泊、河流交替出现，造就了西藏独特的水资源系统。

西藏是我国河流数量最多、冰川和湖泊面积最大的省份，被誉为"亚洲水塔"，也是国家重要的生态安全屏障和战略资源储备基地。境内流域面积大于10000 平方公里的河流有 20 多条，雅鲁藏布江、怒江和澜沧江等重要河流均发源于此或流经此地。西藏是我国冰川最多的省份，冰川面积达 28664 平方公里，占全国冰川总面积的 48%，是江河和湖泊的重要水源。西藏的湖泊更是星罗棋布，除少数零星分布在喜马拉雅山脉北坡外，主要集中在藏北草原上。据不完全统计，西藏大小湖泊有 1500 多个，湖泊总面积约占全国湖泊面积的30%。西藏高原的湖泊分布极为不均，绝大多数湖泊都分布在海拔 4000 米以上的区域，呈现出内陆湖多、外流湖少，咸水湖多、淡水湖少的特点。

如此数量众多的江河湖泊，造就了西藏自然条件的复杂性和生态环境的特殊性。这里的自然景观千姿百态，生态系统林林总总，物种组成独特而丰富，更有鲜为人知的鱼类。

西藏的鱼

目前西藏常见的鱼类有 50 余种，主要由三大代表类群组成，分别是裂腹鱼亚科、鳅科和鮡科鱼类。其中裂腹鱼类是鲤科中一个特殊的类群，主要分布于青藏高原及其周边水域，其形态独特，全身覆盖细小的鳞片或裸露无鳞，在臀鳍两侧各有一列特化的大型臀鳞，在这两列臀鳞之间的腹中线上形成一条裂缝，故得名"裂腹"。在西藏的主要江河湖泊水体中，裂腹鱼是主要的渔获物种，目前西藏已知有裂腹鱼类 34 种，约占西藏已知鱼类的 46.4%，具有重要的经济和生态价值。高原鳅属鱼类广泛分布于青藏高原及其周边水域，目前西藏已知的该类群有 14 种，约占西藏已知鱼类的 19.2%，高原鳅属鱼类多为小型鱼类，经济价值不大，属于饵料鱼类。鮡科鱼类主要分布于低海拔区域，目前已知有 13 种，约占西藏已知鱼类的 17.8%，其中黑斑原鮡是海拔分布最高的鮡科鱼类之一，具有重要科学研究价值。除了三大类群外，在雅鲁藏布江、金沙江、怒江等低海拔流域尚分布有裸吻鱼属、新光唇鱼属、墨头鱼属等类群鱼类。

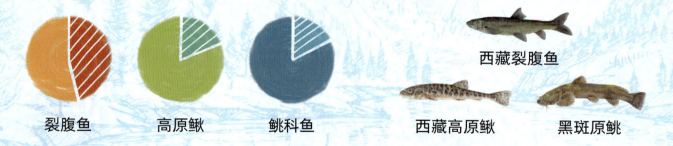

裂腹鱼　　　高原鳅　　　鮡科鱼　　　西藏裂腹鱼　　西藏高原鳅　　黑斑原鮡

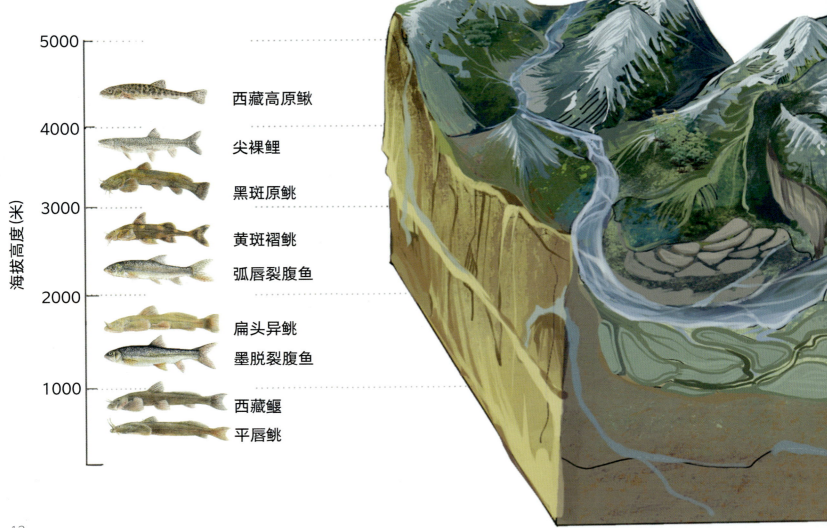

海拔高度(米)

5000

4000

3000

2000

1000

西藏高原鳅

尖裸鲤

黑斑原鲱

黄斑褶鲱

弧唇裂腹鱼

扁头异鳅

墨脱裂腹鱼

西藏鳋

平唇鮡

寒带草甸　温带针叶林　温带阔叶林　热带季雨林

随着海拔梯度的变化，高原地区鱼类组成变化明显，高原湖泊鱼类组成以裸鲤类和高原鳅类为主，鱼类组成较为简单，多数湖泊仅分布有 2~4 种鱼类。而高原河流鱼类组成相比湖泊明显复杂，以雅鲁藏布江为例，海拔 2900 米以上江段分布有7 种裂腹鱼、6 种鳅科鱼和 2 种鮡科鱼类，而海拔 1000 米左右的墨脱江段，生物多样性较高，分布有鱼类 18 种，主要以鮡科鱼类和墨头鱼类等小型鱼类为主。海拔梯度、气候环境等因素导致不同江段栖息地生境差异显著，进而使分布在这些水域的鱼类组成也产生了明显的分化。

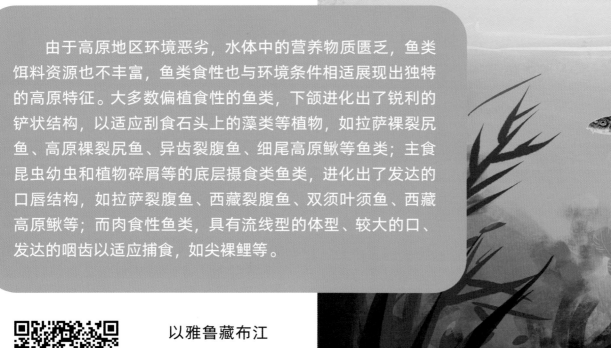

　　由于高原地区环境恶劣，水体中的营养物质匮乏，鱼类饵料资源也不丰富，鱼类食性也与环境条件相适展现出独特的高原特征。大多数偏植食性的鱼类，下颌进化出了锐利的铲状结构，以适应刮食石头上的藻类等植物，如拉萨裸裂尻鱼、高原裸裂尻鱼、异齿裂腹鱼、细尾高原鳅等鱼类；主食昆虫幼虫和植物碎屑等的底层摄食类鱼类，进化出了发达的口唇结构，如拉萨裂腹鱼、西藏裂腹鱼、双须叶须鱼、西藏高原鳅等；而肉食性鱼类，具有流线型的体型、较大的口、发达的咽齿以适应捕食，如尖裸鲤等。

以雅鲁藏布江为例，其鱼类资源情况详见二维码。

雅鲁藏布江
流域鱼类

　　由于高原气候寒冷、水温低，水生生态系统结构简单，生物饵料较为匮乏，鱼类生长缓慢，体重达到 500 克一般需要 7~10 年的时间。而且高原鱼类性成熟时间较长，繁殖力也相对较低。在高原江河分布的裂腹鱼类的繁殖季节主要集中于 1~4 月，鮡科等低海拔江段的鱼类繁殖期多集中在 4~6 月，少数鱼类在洪水期 8~9 月份繁殖。在湖泊分布的裂腹鱼类繁殖期多集中于 5~7 月，随着环境温度的升高，河流融化，鱼开始繁殖。总体而言，大多数高原鱼类的繁殖期主要集中于春夏季。

　　随着全球气候的变化，生物入侵、栖息地破坏、地质灾害等一系列因素给高原鱼类的生存和繁衍带来巨大的挑战。生物入侵已成为全球范围内的一个严重生态问题，我国则是受影响较为严重的国家之一。环境脆弱的高原地区也面临着生物入侵的风险。民间流传着"一雌鱼怀万子鱼"的说法，但很多放生者并不知道科学的放生知识，导致大量的鲤鱼、鲫鱼、泥鳅等被直接放生到自然水体中，产生了潜在的生态入侵危险。此外，涉水工程的修建也会对高原水体生态环境和水生生物产生一定的影响，部分区域的采砂活动破坏了鱼类的栖息地生境，原有的急流环境消失，这不仅威胁土著鱼类的生存，而且为鲫鱼、麦穗鱼、泥鳅等创造了有利的生存环境。另外，高原峡谷地区频繁的山体滑坡、泥石流、雪崩等自然灾害，也会破坏水生生物的栖息地生境，这些都会给鱼类的种群繁衍带来巨大挑战。

西藏江河常见
鱼类图解

亚东鲑

yà dōng guī

鲑形目 鲑科 鳟属

基本信息表

俗　　名：	河鲑、花点鱼
拉丁文名：	*Salmo trutta*
栖息环境：	寒冷淡水，山区急流
繁殖季节：	1~3 月
体形特点：	体延长，稍侧扁，腹部圆

分布区域

■ 主要分布于西藏亚东河

全身具黑色斑点

侧线两侧具彩色斑点

脂鳍位于臀鳍正上方

口端位，口裂大

腹部微黄

尾柄粗壮

尾鳍后缘微凹

生活习性

■ 肉食性鱼类，摄食浮游生物、小鱼、青蛙以及水面附近飞行的昆虫

浅棕条鳅

qiǎn zōng tiáo qiū

鲤形目 条鳅科 南鳅属

基本信息表

俗　　名：花鳅

拉丁文名：*Nemacheilus subfuscus*

栖息环境：石砾缝隙，沙质底质

繁殖季节：2~5 月

体形特点：前躯近圆筒形，后躯侧扁

分布区域

■ 主要分布在雅鲁藏布江下游低海拔的支流

体背和体侧有黑色横斑

头部锥形

尾鳍后缘深凹

体表无鳞，侧线完全

口下位，唇面有浅皱褶

须 3 对，其中吻须较长

生活习性

■ 小型杂食性鱼类，喜欢生活在沙质底质缓流水体

斯氏高原鳅

sī shì gāo yuán qiū

鲤形目 鳅科 高原鳅属

基本信息表

俗　　名:	巩乃斯条鳅
拉丁文名:	*Triplophysa orientalis*
栖息环境:	多砾石，沙质底质
繁殖季节:	5~8 月
体形特点:	前躯近圆筒形，后躯侧扁平

分布区域

■ 主要分布于雅鲁藏布江中游流域

背鳍前后各有 3~5 块黑褐色横斑

体侧多褐色斑点

须 3 对

尾鳍边缘浅凹

口下位，下颌铲状，边缘锐利

体表无鳞，侧线完全

生活习性

■ 摄食藻类和水生无脊椎动物

西藏高原鳅

鲤形目 鳅科 高原鳅属
xī zàng gāo yuán qiū

基本信息表

俗　　名：	西藏条鳅
拉丁文名：	*Triplophysa tibetana*
栖息环境：	河流、湖泊或沼泽地的浅水处
体形特点：	身体延长，前躯高而扁

分布区域

■ 广泛分布于西藏的江河湖泊，数量多

背鳍具黑色斑点

身体表面散布多个浅褐色斑点

眼较大

体表无鳞，侧线不明显

尾鳍具黑色斑点，后缘微凹

须 3 对，较短小

口下位，唇较厚，下唇多深皱褶

生活习性

■ 主要以水生无脊椎动物为食，兼食部分藻类

细尾高原鳅

xì wěi gāo yuán qiū

鲤形目 鳅科 高原鳅属

基本信息表

俗　　名：	细尾条鳅、拉萨条鳅
拉丁文名：	*Triplophysa stenura*
栖息环境：	多砾石，水流较急
繁殖季节：	3~7 月
体形特点：	躯体近圆筒形，尾柄细圆

分布区域

■ 分布于西藏的江河湖泊

各鳍均有褐色斑点

头钝，圆锥状

尾柄细圆

尾鳍后缘深凹

体表无鳞，侧线完全

口下位，唇面具皱褶，下颌铲状

须 3 对，较发达

生活习性

■ 以水生无脊椎动物和藻类为食

短尾高原鳅

duǎn wěi gāo yuán qiū

鲤形目 鳅科 高原鳅属

基本信息表

俗　　名：	短尾条鳅
拉丁文名：	*Triplophysa brevicauda*
栖息环境：	多砾石，泥沙底，缓水环境
繁殖季节：	6~8 月
体形特点：	前躯近圆筒，后躯侧扁，尾柄高

分布区域

■ 主要分布于雅鲁藏布江中上游流域

背鳍有褐色斑点

体侧有 6~10 块褐色斑点

头钝，圆锥状

尾柄短粗

尾鳍有褐色点，后缘微凹

胸鳍浅橘黄色

腹鳍浅橘黄色

侧线完全，平直

口下位，唇厚，唇面有浅皱褶，下颌匙状

须 3 对，较短

生活习性

■ 以水生无脊椎动物和藻类为食

墨脱新光唇鱼

mò tuō xīn guāng chún yú

鲤形目 鲤科 新光唇鱼属

基本信息表

俗　　名：	门巴语称"开阿"
拉丁文名：	*Neolissochilus hexagonolepis*
栖息环境：	急流水体
繁殖季节：	6~9 月
体形特点：	体延长，侧扁，吻钝圆

分布区域

■ 分布于雅鲁藏布江下游墨脱段干流江段，是该流域内个体最大鱼类

鳞片较大，偏绿色，具金属光泽

尾柄粗壮

眼较大

尾鳍叉形

鼻孔和眼前部下面有 3 行细小珠星

侧线完全且明显

须 2 对，较长

吻钝圆，口裂大

生活习性

■ 杂食性鱼类，生长迅速

墨脱孟加拉鲮

鲤形目 鲤科 孟加拉鲮属
mò tuō mèng jiā lā líng

基本信息表

俗　　名：	墨脱华鲮，门巴语称"吉阿"
拉丁文名：	*Bangana dero*
栖息环境：	急流水体
繁殖季节：	夏季
体形特点：	体长，稍侧扁，腹部圆

分布区域

■ 主要分布于雅鲁藏布江墨脱段的干流河段

体被鳞片，并具金属光泽

背鳍无硬刺，外缘深凹

尾柄短粗

须 1 对，短小

吻圆钝，向前突出，吻皮边缘有细缺刻

侧线明显

臀鳍外缘深凹

尾鳍叉形

生活习性

■ 刮食周丛生物，属底栖性鱼类

25

西藏墨头鱼

xī zàng mò tóu yú

鲤形目 鲤科 墨头鱼属

基本信息表

俗　　名：	门巴语称"布起拉阿"
拉丁文名：	*Garra tibetana*
栖息环境：	多卵石，小溪急流水体
繁殖季节：	3~5 月
体形特点：	体前部呈圆筒形，后部侧扁

分布区域

■ 主要分布于雅鲁藏布江下游支流

吻钝圆，有粗糙的角质突起

体背棕黑色

口下位，横裂，下唇形成椭圆形吸盘

须 2 对，短小

腹部淡黄色

侧线完全

尾鳍叉形

生活习性

■ 刮食周丛生物，属底栖性鱼类

雅江墨头鱼

yǎ jiāng mò tóu yú

鲤形目 鲤科 墨头鱼属

基本信息表

俗　　名：	墨头鱼
拉丁文名：	*Garra yajiangensis*
栖息环境：	干支流缓流水体
繁殖季节：	5~6 月
体形特点：	体前部呈圆筒形，后部侧扁

分布区域

■ 分布于雅鲁藏布江中上游流域

鱼体背部及两侧基色
为浅黄色或浅绿色

尾鳍叉形

吻部钝圆

须 2 对，较短

口下位，横裂，
下唇形成椭圆形吸盘

鳞片边缘墨绿色，部分鳞片中部
色淡，形成斑驳浅色斑块

生活习性

■ 刮食周丛生物，属底栖性鱼类

27

平鳍裸吻鱼

píng qí luǒ wěn yú

鲤形目 裸吻鱼科 裸吻鱼属

基本信息表

俗　　名：	**扁吻鱼**
拉丁文名：	*Psilorhynchus homaloptera*
栖息环境：	山区急流水体
繁殖季节：	9~10 月
体形特点：	体延长，背缘弧，腹部平

分布区域

■ 主要分布于雅鲁藏布江下游干支流

背侧褐色，沿侧线常有云斑 5~7 枚

吻钝圆

头锥形

口下位，无须

腹部色浅

侧线平直且完全

尾鳍叉形

生活习性 国家二级保护野生动物

■ 主要以水生藻类和底栖无脊椎动物为食

尖裸鲤

jiān luǒ lǐ

鲤形目 鲤科 尖裸鲤属

基本信息表

俗　　名：	斯氏裸鲤鱼
拉丁文名：	*Oxygymnocypris stewartii*
栖息环境：	湍急江河流水处
繁殖季节：	1~3 月
体形特点：	体呈纺锤形，侧扁

分布区域

- 分布于雅鲁藏布江中上游干支流

体侧灰白色，全身有不规则斑点

体表几乎裸露无鳞

口端位，口裂大，呈深弧形

下颌前沿无锐利角质

腹部银白色

侧线完全平直

尾鳍叉形，上下叶约等长

生活习性　　国家二级保护野生动物

- 肉食性鱼类，主要摄食鱼类和水生昆虫

异齿裂腹鱼

yì chǐ liè fù yú

鲤形目 鲤科 裂腹鱼属

基本信息表

俗　　名：**棒棒鱼**

拉丁文名：*Schizothorax o'connori*

栖息环境：湍急河流水体

繁殖季节：3~4 月

体形特点：体延长，呈棒形，头锥形

分布区域

■ 广泛分布于雅鲁藏布江中
上游干支流及其附属水体

体被细鳞

背部青灰色，
全身具黑色斑点

吻部钝圆

须 2 对，较短

口下位，下颌具有锐利的角质边缘

腹部淡黄色

侧线完全且平直

尾鳍叉形，
上下叶约等长

生活习性

■ 以藻类和水生无脊椎动物为食

拉萨裂腹鱼

lā sà liè fù yú

鲤形目 鲤科 裂腹鱼属

基本信息表	
俗　　名:	尖嘴鱼
拉丁文名:	*Schizothorax waltoni*
栖息环境:	湍急河流水体
繁殖季节:	2~3 月
体形特点:	体修长，稍侧扁，头长，吻较尖

分布区域

■ 广泛分布于雅鲁藏布江中上游干支流及其附属水体

体被细鳞，鳞片不规则

身体有灰褐色斑点

头圆锥形

尾鳍叉形

须 2 对，较长

腹部淡黄

侧线完全

口下位，唇发达

生活习性

国家二级保护野生动物

■ 主要摄食底栖无脊椎动物及水生昆虫

鲤形目 鲤科 裂腹鱼属

jù xū liè fù yú

巨须裂腹鱼

基本信息表	
俗　　名：	**胡子鱼**
拉丁文名：	*Schizothorax macropogon*
栖息环境：	湍急河流水体
繁殖季节：	1~2 月
体形特点：	体延长，稍侧扁，头锥形

分布区域

■ 广泛分布于雅鲁藏布江中
上游干流

体被细鳞

体背和体侧青黑色，
分布有少量黑褐色暗斑

须 2 对，较发达

口下位，呈弧形

腹部浅黄色

侧线完全

尾鳍叉形

国家二级保护野生动物

生活习性

■ 杂食性鱼类，摄食底栖无脊椎动物、水生昆虫、
高等植物碎片和种子以及着生藻类

弧唇裂腹鱼

hú chún liè fù yú

鲤形目 鲤科 裂腹鱼属

基本信息表

俗　　名：	门巴语称"吉阿"
拉丁文名：	*Schizothorax curvilabiatus*
栖息环境：	干支流急流处
繁殖季节：	1~3 月
体形特点：	体延长，稍侧扁，吻钝圆

分布区域

■ 主要分布于雅鲁藏布江下游海拔 2500 米以下的干支流

背侧青灰色，头背具黑点或星状小斑

须 2 对，较发达

口下位，下颌具锐利角质边缘

腹部银白色

侧线完全

尾鳍叉形，各鳍橘黄色

生活习性

■ 以藻类和水生无脊椎动物为食

墨脱裂腹鱼

mò tuō liè fù yú

鲤形目 鲤科 裂腹鱼属

基本信息表

俗　　名：	门巴族语称"吉阿"
拉丁文名：	*Schizothorax molesworthi*
栖息环境：	急流水体
繁殖季节：	4~5 月
体形特点：	体延长，稍侧扁，头短钝

分布区域

■ 分布于雅鲁藏布江墨脱、察隅江段的干支流水系

体被细鳞，体背青灰色

吻钝圆

须 2 对，短小

口下位，下颌角质前缘锐利

腹部银白色

侧线完全

尾鳍叉形，末端淡红色

生活习性

■ 主要摄食着生藻类

短须裂腹鱼

鲤形目 鲤科 裂腹鱼属
duǎn xū liě fù yú

基本信息表

俗　　名：	缅鱼、沙肚等
拉丁文名：	*Schizothorax wangchiachii*
栖息环境：	急流水体
繁殖季节：	3~4 月
体形特点：	体延长，略侧扁，头锥形

分布区域

■ 主要分布于金沙江流域

头锥形

身体背部青蓝色
或暗灰色

口下位，下颌前缘有
锐利角质

吻稍钝

腹部银白色

侧线完全

尾鳍叉形，
淡红色

生活习性

■ 主要以着生藻类为食

长丝裂腹鱼

cháng sī liè fù yú

鲤形目 鲤科 裂腹鱼属

基本信息表

俗　　名：缅鱼、甲鱼

拉丁文名：*Schizothorax dolichonema*

栖息环境：急流水体

繁殖季节：3~4 月

体形特点：体延长，稍侧扁，头锥形

分布区域

■ 主要分布于金沙江上游

体被细鳞，
背部青蓝色或暗灰色

须 2 对，较发达

口下位，下颌具有锐利的角质边缘

腹部银白色

侧线完全

尾鳍叉形，
略带红色

生活习性

■ 主要以藻类为食，也摄食底栖无脊椎动物

光唇裂腹鱼

guāng chún liè fù yú

鲤形目 鲤科 裂腹鱼属

基本信息表

俗　　名：光唇弓鱼

拉丁文名：*Schizothorax lissolabiatus*

栖息环境：急流水体

繁殖季节：6~7 月

体形特点：体延长，稍侧扁，头锥形

分布区域

■ 主要分布于澜沧江中上游

体被细鳞，有黑色斑点

头锥形

尾鳍叉形

侧线完全且平直

须 2 对，约等长

腹部银白色

口下位，
下颌具锐利角质前缘

生活习性

■ 下层鱼类，以藻类和有机碎屑为食

37

澜沧裂腹鱼

鲤形目 鲤科 裂腹鱼属

lán cāng liè fù yú

基本信息表	
俗　　名:	**面鱼**
拉丁文名:	*Schizothorax lantsangensis*
栖息环境:	急流水体
繁殖季节:	4~8 月
体形特点:	体延长，稍侧扁，头锥形

分布区域

■ 分布于澜沧江和怒江水系上游

体被细鳞，背部深褐色

头锥形

尾鳍叉形

须 2 对，较发达

腹部淡黄

侧线完全

口下位，
下颌前缘无锐利角质

生活习性

■ 杂食性鱼类，主要以底栖无脊椎动物为食

怒江裂腹鱼

鲤形目 鲤科 裂腹鱼属

nǔ jiāng liě fù yú

基本信息表

俗　　名：怒江弓鱼

拉丁文名：*Schizothorax nukiangensis*

栖息环境：急流水体

繁殖季节：5~7 月

体形特点：体延长，稍侧扁，头锥形

分布区域

■ 主要分布于怒江中上游

体被细鳞

体背青蓝色，具有
细密的棕色小黑点

须 2 对，较发达

口下位，下颌具有锐利的角
质边缘，角质边缘平直

腹部银白色

侧线完全

尾鳍叉形

生活习性

■ 杂食性鱼类，主要以着生藻类为食，也摄食底栖
无脊椎动物

双须叶须鱼

shuāng xū yè xū yú

鲤形目 鲤科 叶须鱼属

基本信息表

俗　　名：	花鱼
拉丁文名：	*Ptychobarbus dipogon*
栖息环境：	干流宽阔水体
繁殖季节：	2~4 月
体形特点：	体延长，稍侧扁，头锥形

分布区域

■ 主要分布于雅鲁藏布江中上游干支流

鳞片较大

吻突出，呈马蹄形

尾鳍叉形

口角须 1 对，较短

腹部银白色

侧线完全

口下位，下唇表面多皱褶

生活习性

■ 主要以水生无脊椎动物和藻类为食

锥吻叶须鱼

zhuī wěn yè xū yú

鲤形目 鲤科 叶须鱼属

基本信息表

俗　　名：	锥吻重唇鱼
拉丁文名：	*Ptychobarbus conirostris*
栖息环境：	干流宽阔水体
繁殖季节：	4~5 月
体形特点：	体延长，稍侧扁，头锥形

分布区域

■ 主要分布于西藏狮泉河、噶尔河

体被细鳞，身体具黑褐色斑点

头锥形

尾鳍微凹

须 1 对

口下位，下唇发达

腹部银灰色

生活习性

■ 主要以水生无脊椎动物和藻类为食

41

裸腹叶须鱼

luǒ fù yè xū yú

鲤形目 鲤科 叶须鱼属

基本信息表

俗　　名：裸腹重唇鱼

拉丁文名：*Ptychobarbus kaznakovi*

栖息环境：干流宽阔水体

繁殖季节：4~5 月

体形特点：体延长，稍侧扁，头锥形

分布区域

■分布于金沙江、澜沧江和怒江的上游

体被细鳞，身体具黑褐色斑点

头锥形

须 1 对，较长

腹部灰白色

侧线完全

尾鳍叉形

口下位，唇发达，
下唇表面多皱褶

生活习性

■主要以水生无脊椎动物和藻类为食

软刺裸裂尻鱼

ruǎn cì luǒ liè kāo yú

鲤形目 鲤科 裸裂尻鱼属

基本信息表

俗　　名：	土鱼
拉丁文名：	*Schizopygopsis malacanthus*
栖息环境：	干支流缓水江段
繁殖季节：	5~6 月
体形特点：	体延长，稍侧扁，头锥形

分布区域

■ 分布于金沙江和雅砻江中上游

体表几乎裸露无鳞，体侧散布云斑

头锥形

口下位，下颌具锐利角质前缘，无须

腹部银白色或者灰色

侧线完全且平直

尾鳍叉形

生活习性

■ 杂食性鱼类，主要以着生藻类为食，也食水生昆虫

高原裸裂尻鱼

gāo yuán luǒ liè kāo yú

鲤形目　鲤科　裸裂尻鱼属

基本信息表

俗　　名:	土鱼
拉丁文名:	*Schizopygopsis stoliczkae*
栖息环境:	干支流缓水江段
繁殖季节:	5~6 月
体形特点:	体延长，稍侧扁，头锥形

分布区域

■ 广泛分布于狮泉河、噶尔河、象泉河、喀拉喀什河

体表几乎裸露无鳞，体侧散布云斑

头锥形

口下位，具锐利角质，无须

腹部银白色

侧线完全

尾鳍叉形

生活习性

■ 杂食性鱼类，主要以着生藻类为食

热裸裂尻鱼

rè luǒ liè kāo yú

鲤形目 鲤科 裸裂尻鱼属

基本信息表

俗　　名：	温泉裸裂尻
拉丁文名：	*Schizopygopsis thermalis*
栖息环境：	干支流缓水江段
繁殖季节：	5~6 月
体形特点：	体延长，稍侧扁，头锥形

分布区域

■ 广泛分布于怒江西藏段

体表几乎裸露无鳞，
体侧散布云斑

头锥形

口下位，有锐利
角质前缘，无须

侧线完全且平直

尾鳍叉形

生活习性

■ 杂食性鱼类，主要以着生藻类为食，也食水生
昆虫

拉萨裸裂尻鱼

lā sà luǒ liè kāo yú

鲤形目 鲤科 裸裂尻鱼属

基本信息表

俗　　名:	土鱼
拉丁文名:	*Schizopygopsis younghusbandi*
栖息环境:	干支流缓水江段
繁殖季节:	1~4 月
体形特点:	体延长，稍侧扁，头锥形

分布区域

■ 分布于雅鲁藏布江干支流及部分湖泊水域

身体具不规则的斑点

头锥形

口下位，下颌具锐利角质边缘，无须

侧线完全

尾鳍叉形

生活习性

■ 杂食性鱼类，以着生藻类为食，也食水生昆虫

黄斑褶鮡

huáng bān zhě zhào

鲇形目 鮡科 褶鮡属

基本信息表

俗　　名：	门巴语称"褶赖""绒布"
拉丁文名：	*Pseudecheneis sulcata*
栖息环境：	急流水体，多卵石
繁殖季节：	4~5 月
体形特点：	体延长，前躯扁平，后躯侧扁

分布区域

- 广泛分布于雅鲁藏布江中下游

体侧和背部具多个较大黄斑

脂鳍

头扁平

眼小

口下位，须 4 对

侧线完全

尾鳍叉形，各鳍后缘呈黄色

生活习性

- 主要以底栖无脊椎动物为食

平唇鮡

píng chún zhào

鲇形目 鮡科 平唇鮡属

基本信息表	
俗　　语：	门巴语称 "巴塔拉"
拉丁文名：	*Parachiloglanis hodgarti*
栖息环境：	急流水体，多卵石
栖息环境：	4~5 月
体形特点：	体延长，前躯扁平，后躯侧扁

分布区域

■ 分布于雅鲁藏布江下游支流水体

脂鳍

体表深褐色，无明显斑点

头扁平

眼小

须 4 对

口下位，横裂

侧线完全且平直

腹部色淡

尾鳍微凹

生活习性

■ 主要以底栖无脊椎动物为食

黑斑原鮡

hēi bān yuán zhào

鲇形目 鮡科 原鮡属

基本信息表	
俗 名：	藏语称"巴格里"
拉丁文名：	*Glyptosternum maculatum*
栖息环境：	急流水体，多卵石
繁殖季节：	5~6 月
体形特点：	体延长，前躯扁平，后躯侧扁

分布区域

■ 分布于雅鲁藏布江中上游海拔 3000 米以上的干流江段

体色黄绿色或灰绿色，具不明显的斑块

头扁平

眼小

脂鳍

口下位，横裂，须 4 对

侧线完全

尾鳍平截

生活习性　国家二级保护野生动物

■ 主要以底栖无脊椎动物和小型鱼类为食

扁头异鮡

biǎn tóu yì zhào

鮎形目 鮡科 异鮡属

基本信息表

俗　　名:	门巴语称"巴巴拉"
拉丁文名:	*Creteuchiloglanis kamengensis*
栖息环境:	急流水体，多卵石
繁殖季节:	5~8 月
体形特点:	体延长，前躯扁平，后躯侧扁

■ 分布于雅鲁藏布江下游干
支流

体棕色，无明显斑块和点纹

脂鳍

头扁平

眼较小

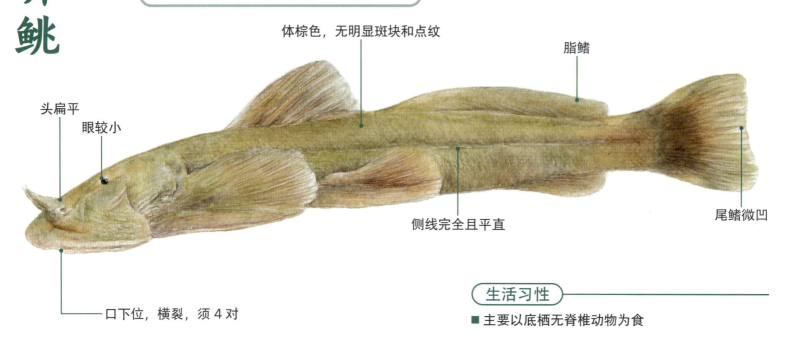

侧线完全且平直

尾鳍微凹

口下位，横裂，须 4 对

生活习性

■ 主要以底栖无脊椎动物为食

凿齿鲱

^{zǎo chǐ zhào}

鲇形目 鲱科 凿齿鲱属

基本信息表

俗　　名：	门巴语称"巴巴拉"
拉丁文名：	*Glaridoglanis andersoni*
栖息环境：	急流水体，多卵石
繁殖季节：	5~8 月
体形特点：	体延长，前躯扁平，后躯侧扁

分布区域

■ 仅分布于雅鲁藏布江下游
支流察隅河流域

头扁平

眼小

须 4 对

口下位，横裂

体表棕褐色，无斑

侧线完全且平直

脂鳍与尾鳍相连

尾鳍微凹

生活习性

■ 主要以底栖无脊椎动物为食

黄石爬鲱

huáng shí pá zhào

鲇形目 鲱科 石爬鲱属

基本信息表

俗　　名:	石爬子
拉丁文名:	*Chimarrichthys kishinouye*
栖息环境:	急流水体，多卵石
体形特点:	体延长，前躯扁平，后躯侧扁

分布区域

■ 分布于金沙江

眼小

头扁平

背部和体侧偏黄

脂鳍后部上缘黄色

口下位，须 4 对

侧线完全

尾鳍微凹

生活习性

■ 主要以底栖无脊椎动物和小型鱼类为食

细尾鮡

xǐ wěi zhào

鲇形目 鮡科 鮡属

基本信息表

俗　　名：石爬子

拉丁文名：*Pareuchiloglanis gracilicaudata*

栖息环境：急流水体，多卵石

体形特点：体延长，前躯扁平，后躯侧扁

分布区域

■ 分布于澜沧江上游干流旧
州镇江段

尾鳍黑色，
中间有一块黄斑

脂鳍

体背浅黄色

眼小

头扁平

口下位，须 4 对

侧线完全

尾柄细

尾鳍平截

生活习性

■ 主要以底栖无脊椎动物为食

扎那纹胸鮡

鲇形目 鮡科 纹胸鮡属
zhā nà wén xiōng zhào

基本信息表

拉丁文名：*Glyptothorax zanaensis*
栖息环境：清澈流水河段
体形特点：体延长，前躯扁平，后躯侧扁

分布区域

■ 分布于怒江西藏段

体表黄色或深褐色

脂鳍

眼较小

头扁平

须 4 对

口下位

侧线完全，沿侧线有
一列排列整齐的颗粒

尾鳍叉形

生活习性

■ 以底栖无脊椎动物为食

贡山鮡

gòng shān zhào

鲇形目 鮡科 鮡属

基本信息表

俗　　名：	石扁头
拉丁文名：	*Pareuchiloglanis gongshanensis*
栖息环境：	多砾石的河道和溪流
体形特点：	体延长，前躯扁平，后躯侧扁

分布区域

■ 分布于怒江西藏段

体色黄色，无明显斑点

脂鳍

尾鳍黑色，中央有一黄斑

眼小

头扁平

口下位，横裂

须 4 对

侧线完全且平直

尾鳍微凹

生活习性

■ 主要以底栖无脊椎动物为食

西藏鰋

鲤形目 鳅科 鰋属

xǐ zàng yàn

<table>
<tr><td colspan="2" align="center">基本信息表</td></tr>
<tr><td>俗　　名：</td><td>门巴语称"巴搭拉"</td></tr>
<tr><td>拉丁文名：</td><td>Exostoma tibetanum</td></tr>
<tr><td>栖息环境：</td><td>溪流石砾缝隙</td></tr>
<tr><td>繁殖季节：</td><td>4~5 月</td></tr>
<tr><td>体形特点：</td><td>体延长，前躯扁平，后躯侧扁</td></tr>
</table>

分布区域

■ 分布于雅鲁藏布江下游支流流域

体棕色，无明显斑点或条纹

脂鳍

眼小，位于头背部

头扁

口下位，须 4 对

侧线完全

尾鳍深凹

生活习性

■ 主要以底栖无脊椎动物为食

西藏湖泊常见
鱼类图解

兰格湖裸鲤

lán gé hú luǒ lǐ

鲤形目 鲤科 裸鲤属

基本信息表

俗　　名：	翘嘴裸鲤
拉丁文名：	*Gymnocypris chui*
栖息环境：	湖泊静缓水处
繁殖季节：	6~8 月
体形特点：	体延长，稍侧扁，头锥形

分布区域

■ 分布于浪错、公珠错等高原湖泊

体表几乎裸露无鳞，具有不规则斑块

眼稍大

头锥形

口端位，倾斜，无须

腹部银白色

侧线完全

尾鳍叉形

生活习性

■ 以底栖生物、水生维管束植物和着生藻类为食

拉孜裸鲤

lā zī luǒ lǐ

鲤形目 鲤科 裸鲤属

基本信息表

俗　　名：硬刺裸鲤

拉丁文名：*Gymnocypris scleracanthus*

栖息环境：湖泊静缓水处

繁殖季节：6~7 月

体形特点：体延长，稍侧扁

分布区域

■ 仅分布于西藏日喀则市昂仁县浪错

体表几乎裸露无鳞，具不规则黑褐色云斑

头锥形

尾鳍叉形

口近端位，无须

腹部颜色淡

侧线完全

生活习性

■ 杂食性鱼类，摄食浮游动物和藻类

高原裸鲤

鲤形目 鲤科 裸鲤属

gāo yuán luǒ lǐ

基本信息表

俗　　名：瓦氏裸鲤

拉丁文名：*Gymnocypris waddellii*

栖息环境：湖泊静缓水处

繁殖季节：5~7 月

体形特点：体长形，稍侧扁，吻钝圆

分布区域

■ 分布于山南羊卓雍错、哲古错、多钦错等湖泊

体表几乎裸露无鳞，全身具黑褐色斑点

口近端位，无须

腹部青灰色

侧线完全

尾鳍叉形

生活习性

■ 以小型浮游动物轮虫类和底栖硅藻、蓝藻、绿藻为食，兼食水生维管束植物和其他小型无脊椎动物

纳木错裸鲤

鲤形目 鲤科 裸鲤属
nà mù cuò luǒ lǐ

基本信息表

俗　　名：	小头裸裂尻鱼
拉丁文名：	*Gymnocypris namensis*
栖息环境：	湖泊静缓水处
体形特点：	体延长，稍侧扁，头锥形

分布区域

■ 分布于西藏地区湖泊

头锥形

体表几乎裸露无鳞，
分布不规则横斑

尾鳍叉形

口端位，无须

腹部颜色淡

侧线完全

生活习性

■ 幼鱼主要以浮游植物为食，成鱼主要摄食高等植物、鱼类、虾类等

61

软刺裸鲤

ruǎn cì luǒ lǐ

鲤形目 鲤科 裸鲤属

基本信息表

俗　　名：佩枯湖裸鲤

拉丁文名：*Gymnocypris dobula*

栖息环境：湖泊静缓水处

繁殖季节：7~8 月

体形特点：体延长，稍侧扁，头锥形

分布区域

■ 分布于佩枯湖

体表几乎裸露无鳞，
具有不规则黑褐色斑点

头锥形，吻部尖

尾鳍叉形，
具不明显暗点

口端位，无须

腹部颜色淡

侧线完全

生活习性

■ 杂食性鱼类，主要摄食蜉蝣目幼虫和植物碎片

西藏裂腹鱼

xī zàng liè fù yú

鲤形目 鲤科 裂腹鱼属

基本信息表

俗　　名：	西藏弓鱼
拉丁文名：	*Schizothorax labiatus*
栖息环境：	河流湖泊缓水处
繁殖季节：	6~7 月
体形特点：	体延长，侧扁，头锥形

分布区域

■ 分布于阿里地区河流湖泊

体被细鳞，背侧部黑褐色

头锥形

须 2 对

口下位，弧形，边缘有纹状角质层

腹部淡黄色

侧线完全

尾鳍叉形

生活习性

■ 主要摄食藻类，兼食植物碎片

西藏野外常见外来鱼类图解

泥鳅

ní qiū

鲤形目 鳅科 泥鳅属

基本信息表

俗　　名：	鱼鳅、泥鳅鱼
拉丁文名：	*Misgurnus anguillicaudatus*
栖息环境：	静水或缓和流水域的底层
体形特点：	身体细长，呈圆柱状

分布区域

■ 分布于雅鲁藏布江中游

眼小，侧上位

须 5 对

全身有黑色斑点

尾鳍基上侧具一黑斑

尾鳍圆形

侧线完全

生活习性

■ 杂食性动物，摄食水蚤、水蚯蚓、昆虫、扁螺、水草、腐殖质及水中和泥中的微小生物等

鲫鱼

jì yú

鲤形目　鲤科　鲫属

基本信息表

俗　　名：	鲫瓜子、土鲫
拉丁文名：	*Carassius auratus*
栖息环境：	江河湖泊缓水处
体形特点：	体呈椭圆形，侧扁

分布区域

■ 分布于雅鲁藏布江中游

体表具鳞片

侧线完全

头锥形

尾鳍叉形

口前位，无须

生活习性

■ 杂食性鱼类，主食有机碎屑、水草、植物种子，兼食摇蚊幼虫、枝角类和桡足类

鲤鱼

lǐ yú

鲤形目　鲤科　鲤属

基本信息表

俗　　名：	鲤拐子、鲤子
拉丁文名：	*Cyprinus carpio*
栖息环境：	江河湖泊缓水处
体形特点：	身体侧扁，腹部圆，略呈纺锤形

分布区域

■ 分布于雅鲁藏布江中游

背部暗灰色或黄褐色，侧面略带黄金色

体被圆鳞

头锥形

口下位，须 1 对

胸鳍微淡红色

腹鳍微淡红色

侧线完全

尾鳍叉形，基部微黑色

生活习性

■ 杂食性鱼类，幼鱼主要摄食轮虫、甲壳类及其他小型无脊椎动物等

麦穗鱼

mài suì yú

鲤形目 鲤科 麦穗鱼属

基本信息表

俗　　名：	罗汉鱼、浮水仔
拉丁文名：	*Pseudorasbora parva*
栖息环境：	江河湖泊缓水处
体形特点：	体侧扁，腹部圆，头稍尖

■ 分布于雅鲁藏布江中游

头锥形

体被圆鳞

口上位，无须

腹部银白色

侧线完全且平直

尾鳍叉形

■ 成鱼主食浮游生物，其中以桡足类和枝角类最多，其次摄食藻类和水草，也食昆虫

鲇鱼

nián yú

鲇形目 鲇科 鲇属

基本信息表

俗　　名：	土鲇
拉丁文名：	*Silurus asotus*
栖息环境：	江河湖泊缓水处
繁殖季节：	4~7 月
体形特点：	体前部圆筒形，后部侧扁；头扁平

分布区域

■ 分布于雅鲁藏布江中游

体表几乎裸露，无鳞，背部灰黑色

头扁平，
眼小，侧上位

尾鳍平截

侧线完全

臀鳍和尾鳍相连

口裂大

须 2 对，上长下短

生活习性

■ 肉食性鱼类，主要以小型鱼类、底栖生物和水生
昆虫幼虫为食

科学放生必知

科学放生是指根据被放生物种的生物学特性，选择合适的自然环境，在保证自然环境安全的前提下，选择合适、体质健康的个体，使其重新回到自然环境中并获得持续生命自由的过程，科学放生一般遵循以下原则。

(1) 选择放生本地鱼类物种：通过人工繁育的或救护康复的本地特有自然分布的种，可就地放生。而市场上售卖的非本地物种不适合放生，如果盲目地放生非本地物种，可能会带来潜在的生态危险。

(2) 选择合适的放生环境：根据不同的物种选择合适的放生水体。来源于江河的鱼类只能放流在江河里，而来源于湖泊的生物也只能放流于湖泊。放生地点一般选择缓水区域，尤其是放流小型个体的苗种，如果放生在急流水体，可能会导致放生苗种因环境不适应而出现死亡损失。

(3) 科学的放生数量：放生时要考虑到放生地对该种动物的容纳量，主要包括食物容纳量和领地容纳量，超过最大环境容纳量时就应该选择在其他地方放生。放生时，同一类型的生境要有多个备选地点，不能每次都到同一地点放生。

(4) 科学的放生时间：根据高原的气候特点，放生时间一般为每年的5~6月，此时高原河流水体温度逐渐回升。一般选择早上放生，如果遇到大雨、大风等极端天气，应暂停放生。

(5) 科学的放生方法：科学运输放生的鱼类，运输过程中避免产生剧烈温度变化，一般控制温度变化在2℃以内。放生时，需要将运输苗种水体的温度逐步调节到与放生水域相近，靠近水面、顺水缓慢将鱼类放入水中。

图书在版编目 (CIP) 数据

西藏常见鱼类手绘科普图鉴 / 张驰等著 . -- 北京：
中国农业出版社，2024. 9. -- ISBN 978-7-109-32474-9

Ⅰ. Q959. 408-64

中国国家版本馆CIP数据核字第2024PZ3265号

西藏常见鱼类手绘科普图鉴
XIZANG CHANGJIAN YULEI SHOUHUI KEPU TUJIAN

中国农业出版社出版

地址：北京市朝阳区麦子店街 18 号楼

邮编：100125

责任编辑：王金环　肖邦　蔺雅婷

版式设计：韩欣冉　责任校对：吴丽婷　责任印制：王宏

印刷：北京中科印刷有限公司

版次：2024 年 9 月第 1 版　印次：2024 年 9 月北京第 1 次印刷

发行：新华书店北京发行所

开本：700mm x 1000mm　1/16　印张：5.25　字数：127 千字（其中二维码资源字数 64 千字）

定价：68.00 元